中华香文化

和雅 香的生活

王珀 宋兵◎主编

SPM 南方出版传媒 广东人民出版社
·广州·

图书在版编目（CIP）数据

中华香文化 / 王珀, 宋兵主编. -- 广州：广东人民出版社，2021.1
ISBN 978-7-218-14456-6

Ⅰ. ①中… Ⅱ. ①王… ②宋… Ⅲ. ①香料—文化—中国 Ⅳ. ①TQ65

中国版本图书馆CIP数据核字（2020）第164319号

微信扫码
您立即获得的权益主要有
社群服务/阅读工具

ZHONGHUA XIANG WENHUA

中华香文化

王珀　宋兵　主编

出 版 人：肖风华

责任编辑：黎　捷　梁　晖
插　　画：罗晓玲
装帧设计：友间文化
责任技编：周星奎

出版发行：广东人民出版社
地　　址：广州市海珠区新港西路204号2号楼（邮政编码：510300）
电　　话：（020）85716809（总编室）
传　　真：（020）85716872
网　　址：http://www.gdpph.com
印　　刷：广州市岭美文化科技有限公司
排　　版：广州市友间文化传播有限公司
开　　本：787mm × 1 092mm　1/16
印　　张：6.75　　字　数：100千
版　　次：2021年1月第1版
印　　次：2021年1月第1次印刷
定　　价：97.00元（全二册）

如发现印装质量问题，影响阅读，请与出版社（020-85716849）联系调换。
售书热线：（020）85716826

编委会

目录

香

第一章 香料知多少

绚丽的大自然，万紫千红，蕴藏着各式奇妙芳香，熏染我们，让生活飘香。

香料，是在常温下能发出芳香的有机物质。香料种类多样而繁复，无处不在，其中许多与我们的生活息息相关，我们每天与它亲密接触，衣中趣、茶中情、画中乐以及佳肴美味都离不开香料。

在生活中，我们常常用到视觉、听觉、味觉和触觉，而嗅觉却往往容易被忽视。香料中释放出的芳香气味，能开启我们的嗅觉之门。我们通过嗅觉捕捉各种自然的香气，激活思绪，勾起记忆，愉悦心情，生发出奇思妙想，让生活充满诗情画意。

香料主要分为天然香料和人造香料。

天然香料一般是指以植物、动物、矿物质的芳香部位为原料，经过后天修制的原态香材，保存其原有的物理属性。天然香料香韵天成，具有独特的定香作用、协调作用，也有一定的养生保健作用。

人造香料是化工合成制品，进入19世纪后，随着有机化学、合成香料工业的迅速发展而应运而生。人造香料分为合成香料和单离香料，可制成各种香精。合成香精取自煤化工原料及石油化工原料等含有苯环的芳香族化合物，香气浓烈、呛鼻，长时间闻会令人头晕、头痛。有些劣质化学香会释放出苯和甲醛，长期使用对人体有害。

在注重环保和健康的今天，安全可靠、自然芬芳的天然香料越来越受大众的欢迎。

想一想

天然香料和人造香料有什么区别？

第二章 天然香料的分类

天然香料大多存在于植物与动物中。天然植物香料的分布最为广泛，采集相对容易，种类繁多。

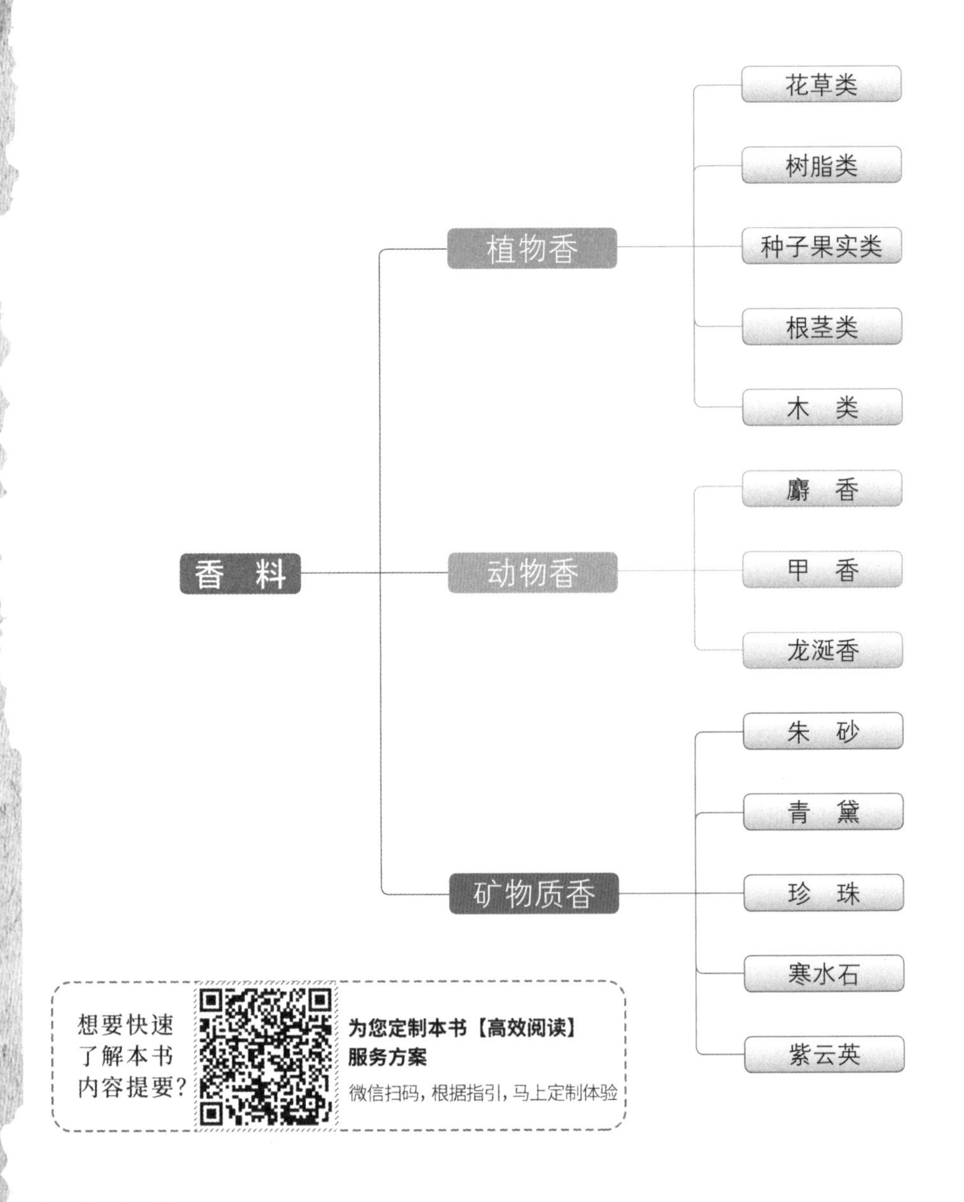

1 植物香

植物是生命的主要形态之一，是世界上最有生命活力的生物之一。从辽阔的高原到深邃的海洋，从炎热的沙漠到寒冷的极地，从拥挤的都市到荒无人烟的绝地，植物的踪影无处不在。神奇奥妙的植物大观园里四季飘香，芳香植物千奇百异，花草、树脂、种子果实、根茎、木材皆有香，能制成各种不同形态的香料产品。印度的檀香、中国的沉香、保加利亚的玫瑰、斯里兰卡的肉桂以及法国的熏衣草都洋溢芳香气息，争妍斗艳，各领风骚，著称于世。

花草类香料，常见的有玫瑰、白玉兰、桂花、艾草、佩兰、藿香、熏衣草等。

玫 瑰

蔷薇科植物，芬芳馥郁，有疏肝理气解郁、美容养颜之用。

白玉兰

木兰科植物，香润沉静，沁人心脾，有化湿行气作用。

桂 花

木犀科植物，清可绝尘，浓能溢远，香满天下。在中国传统文化中，桂花和秋月相映衬，象征富贵团圆。

艾 草

菊科蒿属植物，香气浓烈，能驱蚊虫、去湿寒、辟疫气，又称“百草之王”，日常家居常用有益。

佩 兰

多年生草本菊科植物，“秋日七草”之一，又名“鸡骨香”，芳香化湿，开窍醒神。

藿 香

唇形科植物，喜温暖之地，中国南方常见，香气清新，化浊解表。

树脂类香料常见的有沉香、乳香、没药、安息香、龙脑、苏合香、琥珀等。

乳 香

橄榄科常绿乔木的凝固树脂，又名“熏陆香”，清新木香中带有脂香，有活血行气止痛之用。

没 药

橄榄科植物的凝固树脂，香气浓而持久，能散血化瘀行气。

安息香

安息香科植物的凝固树脂，气味芳香，能开窍及行气活血，可诱发众香，和合香常用。

龙脑香科乔木的凝固树脂，以质地明净、状如雪花为佳，香气远闻自然清凉，能开窍醒神。

和合香：是指将多种天然香料按一定配方比例，通过特别的制香技艺混和在一起，制成有独特香味的香品。

种子果实类香料常见的有白豆蔻、柏子、花椒、使君子、肉豆蔻、丁香、酸枣仁等。

白豆蔻

姜科多年生草本植物干燥成熟果实，气味清扬，振奋精神，行气温中，芳香健胃。

柏　子

柏科植物侧柏的干燥种仁，有养心安神及润肠作用。

花　椒

芸香科植物干燥成熟果实，香气浓郁来自于果皮，温中散寒，能化湿。

使君子

使君子科植物干燥成熟果实，味甘气香，轻柔优雅，有健胃消积之用。

根茎类香料常见的有甘松、藁本、菖蒲、苍术、木香、红景天、大黄、防风等。

甘 松

败酱科植物干燥根及根茎，气味温和醇厚，开胃醒脾，可缓解心慌失眠。

藁 本

伞形科植物干燥根茎和根，气味浓香，有祛风散寒除湿功效。

菖 蒲

天南星科多年生草本植物根茎，芳香浓郁，可祛湿解毒。

苍 术

菊科植物干燥根茎，香气温和怡人，燥湿健脾，可祛风散寒，自古是防疫要药，民间有焚苍术习俗，用于消毒灭菌、洁净空气。

木类香料常见的有檀香、降真香、柏木、桂枝、小叶紫檀等。

檀 香

檀香科植物白檀树干，树心发黑结油之处才可入香，檀香属于明香，香远益清，香气醇厚内敛，具有行心温中、开胃止痛作用，闻之令人平和愉快。印度老山檀最为有名，是古老东方香气的代表，色偏黄，油质高，香气醇厚有奶香味。檀香能与百香相和，激发众香，属世界公认四大名香之一。

降真香

豆科植物降香属含有树脂的木材，香气清甜，稳定而持久，有理气化瘀的作用。

柏 木

柏科植物，香气幽远，有清热利湿的作用。

2 动物香

天然动物香料少见而珍贵，比植物香料更难取得。动物香料多为动物体内的分泌物或排泄物，有麝香、甲香、龙涎香等，具有强烈腥臊气味，通常需稀释后使用，其特有的气味在和合香时能协调、增强香气，还有定香的作用。

麝 香

麝香源于古老而神秘的东方，是成熟雄麝鹿的腺体分泌物，分布于中国、印度、巴基斯坦、俄罗斯等地，干燥后呈颗粒状或块状，香气远射，故谓之麝，有开窍、辟秽、通络、散瘀之功能。麝香气味浓烈具扩散性，制和合香时只要加入微量稀释后的麝香，香味就会活跃起来，让人神往。

甲 香

蝾螺科动物蝾螺或其近缘动物的掩厣，为圆形的片状物，直径1~4厘米，厚0.2~1厘米，可入药也可作香料，有收敛香气的作用。

赋香：香气特性。
定香：香气持久性。

龙涎香

龙涎香是一种奇异难寻的香料，有“天香”之美称。龙涎香是生活在海洋中的抹香鲸肠胃中不消化的固态物，排出体外后，漂浮于海面数十年甚至百年，经风吹日晒和海水浸泡冲刷，渐渐从黑色、灰色褪色至发白，品质以白色为优。龙涎香来之不易，香气神秘高贵，稀释之后在和合香时能让众香调和，香韵柔润，扩散时间延长，高级香水常用龙涎香定香。

3 矿物质香

矿物质香有朱砂、青黛、珍珠、寒水石、紫石英等，通常作天然染色之用。

想一想

你记忆中有哪些熟悉的天然香料？

第三章 香中之王——沉香

在众多的天然香料中，沉香、檀香、龙涎香、麝香被合称为四大名香，其中野生沉香稀有珍贵，被称为香中之王、众香之首、植物中的“钻石”。沉香的香味令人沉迷，令其成为历代皇室上佳贡品。中国广东、海南等地所产之沉香，在世界几大产区中品质最优，因此沉香也被称作中国国香。

1 沉香是什么

亚热带地区某些特殊的树种在经雷电风暴受伤后，经过时间的沉淀，能自然结成芳香树脂混合物，因其密度大会沉入水中，称为“沉水香”，也就是沉香。沉香的生长，是一个漫长的自我凝结、自我净化、自我升华的过程，相当于汲取了天地间的精华，因此，在价格上，等级高的棋楠沉香远贵于黄金。

2 沉香的香韵

沉香香韵奇特，具有撼人心神的爆发力和穿透力。产地不同的沉香，会呈现不同的香味，比如花香味、奶香味、乳香味、甜味、凉味等。醇化程度高的上品沉香即使燃尽，香气经久不散，余香萦绕。

醇化：指和合好的香经存放在阴凉通气之处，与空气充分作用后，香气更为醇厚和谐。

3 沉香的作用

沉香是大自然的瑰宝，珍稀名贵，具有独特的文化价值、药用价值和养生价值。沉香行气温中，暖肾助阳，对心脑血管突发性病症也有奇效，沉香是急救药救心丹的成分之一。沉香还有一重要的特点是，它能与众香相和，激发香性，在和合香时起到定香的作用。

沉香的产地

沉香主要产于中国广东、海南、云南、广西和香港等地区，以及越南、印尼、缅甸、马来西亚、柬埔寨、文莱等国家。

【书香人家】

女儿香

一片万钱，冠天下。

——（明）李时珍《本草纲目》别录《上品沉香集解》

凡种香家，其妇女辄于香之棱角，潜割少许藏之，名女儿香。

——（明末清初）屈大均《广东新语》卷二十六《香语》

又东莞以女儿香为绝品，盖土人拣香，皆用少女，女子先藏最佳大块，暗易油粉，好事者复从油粉担中易出。

——（清）冒辟疆《影梅庵忆语》卷三

广东自古以来是盛产沉香之地，宋朝开始，东莞、茂名、电白、中山、惠州、香港等地都大量种植沉香，统称为“莞香”。莞香在明清时期是专供朝廷的贡香，名扬天下。相传古时莞香的清理洗晒工作由香农的女儿们负责，她们会挑选上等香木，拿到墟市换取饰品、脂粉。

第四章 古今香器

由古至今，香器由简而繁，在香文化发展进程中演变完善，能营造雅致美好用香环境，成为东方审美的经典符号。

熏香、焚香所用到的器物及工具称为香器。香器中最重要的是香炉，不同的香炉配合不同的熏、焚方式，透过袅袅香烟，让用香意境达到极致。香器的使用令香有了实实在在的承载，充分展示了香的形式美。

中国香炉文化底蕴丰厚，形制纹饰受青铜器影响较大，从古器“鼎”式香炉到汉朝的博山炉、晋朝的越窑青釉炉，到唐三彩香炉、宋朝官窑瓷炉，再到明朝宣德炉，呈现鲜明的时代特征和审美趣味。香炉材质考究，做工精妙，彰显能工巧匠卓越超群的技艺。

除了香炉，香器还包括香斗、香筒（即香笼）、熏球（即香球）、香插、香盘、香盒、香匀、香夹、香筷、香铲、香压等多种器具。

1 古有炉瓶三事

炉瓶三事是古人熏香时所用的全套香器，全套三件，分别为：香炉、香盒、匙箸瓶。香炉用于焚香，香盒用于盛装香料，匙箸瓶用于盛放香工具。

炉瓶三事图

三者缺一不可，是古时大户人家、书香门第必备的生活用品，古代文学和绘画作品中常出现关于炉瓶三事的描绘。

焚香：以明火直接焚烧香料。
熏香：在香炉中香灰下埋炭，用云母片隔离炭火熏点或以电香炉熏点香料。

2 古代名炉

汉朝博山炉

博山炉最早出现于西汉，是两汉及魏晋时期常见的焚香器具。博山是传说中的海上仙山（汉朝盛传海上有蓬莱、博山、瀛洲三座仙山），博山炉以青龙、白虎、玄武、朱雀等奇禽异兽为炉表面装饰，使用时下承托盘贮热水，润气蒸香，象征东海，香烟缭绕，宛如仙山，引人入胜。

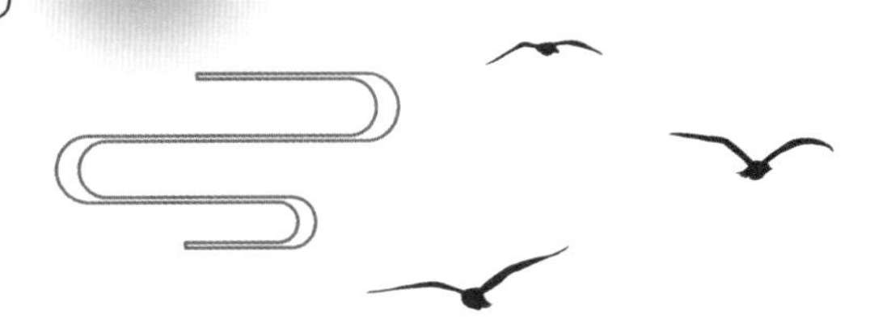

宝相花鸟玉香炉

唐朝宫廷使用和田玉香炉。宝相花鸟玉香炉以花与凤鸟为纹饰主体，寓意吉祥如意。宝相花是古代的吉祥纹样，流行于唐宋时期，寓有“宝”“仙”之意；宝相花与凤鸟之间还镶嵌形状不同、大小粗细有别的其他花叶，工艺精细，富丽堂皇。

鬲式炉

宋朝烧瓷技术高超，著名的官、哥、定、汝、柴五大官窑都烧制过大量香炉。宋朝香炉线条明快简洁，色彩素净，以风雅闻名，具有较高收藏价值和审美价值。

鬲，是青铜鼎器的一种。鬲式炉口为圆形，平折沿，短颈，圆肩，扁腹，有三实心足，象征知、仁、勇三德。鬲式炉以宋龙泉官窑烧制最为出名，专供皇家祭祀或陈设之用。

弦式炉

弦式炉直身，三足，外壁饰有数条绕炉身一周的凸出平行线，一般分三组排列，简约优雅。

宣德炉

明宣宗朱瞻基在宣德三年参与设计监制精炼铜炉，是中国历史上第一次用黄铜铸成铜器。宣德炉器型稳重典雅，工艺精湛，炉身光滑细腻如肌肤，加入重金属冶炼，色彩灿烂多变，焕发奇光。宣德炉的成功铸造开了后世制作铜炉的先河，其款型至今仍被广泛使用。

掐丝珐琅香炉

明清时期中西文化交融，香炉的制作引入掐丝珐琅工艺，以铜为胎，细薄铜丝掐花，珐琅质色釉填充，以蓝色为主，又称景泰蓝，造型华丽多姿。

【书香人家】

香鸭

香鸭就是鸭形瑞兽香炉。鸭是对温度变化感觉灵敏的动物，正所谓“春江水暖鸭先知”，香鸭的设计正是借用了鸭的这个特点。使用香鸭时，香烟缥缈，从鸭嘴里喷薄而出，意境悠远。因此，香鸭自唐代以来格外受文人雅士所钟爱，古诗词中时常出现香鸭的身影。

酒泉子·日映纱窗

（唐）温庭筠

日映纱窗，金鸭小屏山碧。故乡春，烟霭隔，背兰缸。

宿妆惆怅倚高阁，千里云影薄。草初齐，花又落，燕双双。

曙光照射入碧纱窗里，把金鸭香炉画屏映绿。兰灯初灭，袅袅的烟雾缭绕，思忆故乡春色。

昨日宿妆里，还残留着愁绪。倚着高阁眺望，薄云漂浮在天际，草绿时春花已凋落，成双燕子飞来又飞去。

金猊

古时香炉多以神兽为造型图案，狻猊（suān ní）是其中常见的一种。

民间有“龙生九子，不成龙，各有所好”的传说。狻猊在龙子中排行第五，形如狮子，喜静不喜动，好坐，迷恋烟云雾霭。佛祖见它有耐心，便收在胯下当了坐骑。人们取其吉祥之意，在香炉盖或足部以狻猊为装饰，又称金猊。

3 当代香器

当代香器在传统器型基础上古为今用，既有艺术创意，又能适应当代人生活节奏需求。

电熏香炉

电熏香炉以插电方式加热升温，可以调温定时，适合熏点香粉、香丸、香材，闻香不见烟而香气醇和。电熏香炉有居家、车载、便携等款，使用方便。

艺术香插

香插上有孔，用于放置线香、盘香；下有容器，用于接香灰。香插使用方法简单便于携带，在现代人生活中最为常见。香插材质丰富，有玉、石、铜、木、瓷等。艺术香插造型设计匠心独运，多以人物、动物、花草为题材，于自然及生活场景中获取灵感，结合传统与现代审美时尚，表达艺术情趣和生活品位。

第五章 实用香品

从古至今，为了适应日常用香的不同需要，比如迎客、读书、助眠、旅行等，人们设计制作线香、香粉、香丸、盘香、塔香等各种形态的香品。这些香品用天然本草香料制成，人们可根据不同生活环境、场景、情趣喜好选择使用。

1 香粉

香粉在唐、宋时期盛行，香粉中不添加任何粘粉，是百分百高品质天然香，以味道纯正、香韵醇厚绵远见长。香粉分单品香粉或和合香粉，全部采用天然本草香药经配伍炮制和合制作窖藏而成。香粉古时多以篆香、焖香、隔火熏香等方式熏点；现代人生活节奏较快，以电香炉熏点更便捷。

粘粉：制作线香、盘香、塔香时必用的植物性辅料（如榆树皮粉、楠木粉），具有一定的黏性，便于成型。
窖藏：香制好后存放于阴凉通风、温度保持在10℃~15℃的地下室存放。

配伍：类似于中药的配方，即香方香材比例。
炮制：香材制作技艺，去杂质，加强香性。

2 线香

线香外形纤长幼细，分为单品线香或和合线香，均采用天然本草香药经配伍炮制和合制作窖藏而成。线香燃烧时间较长，又称长寿香。线香方便携带和使用，只需点燃后放在香插或香盒即可，是人们日常使用频率最高的一种香品。

3 盘香

盘香又称环香，采用天然本草香药经配伍炮制和合制作窖藏而成，由内向外按螺旋形盘制而成。盘香一般置于香炉或盘香香盒内熏烧，以燃点2小时或4小时的为多，熏点时间比线香更持久。

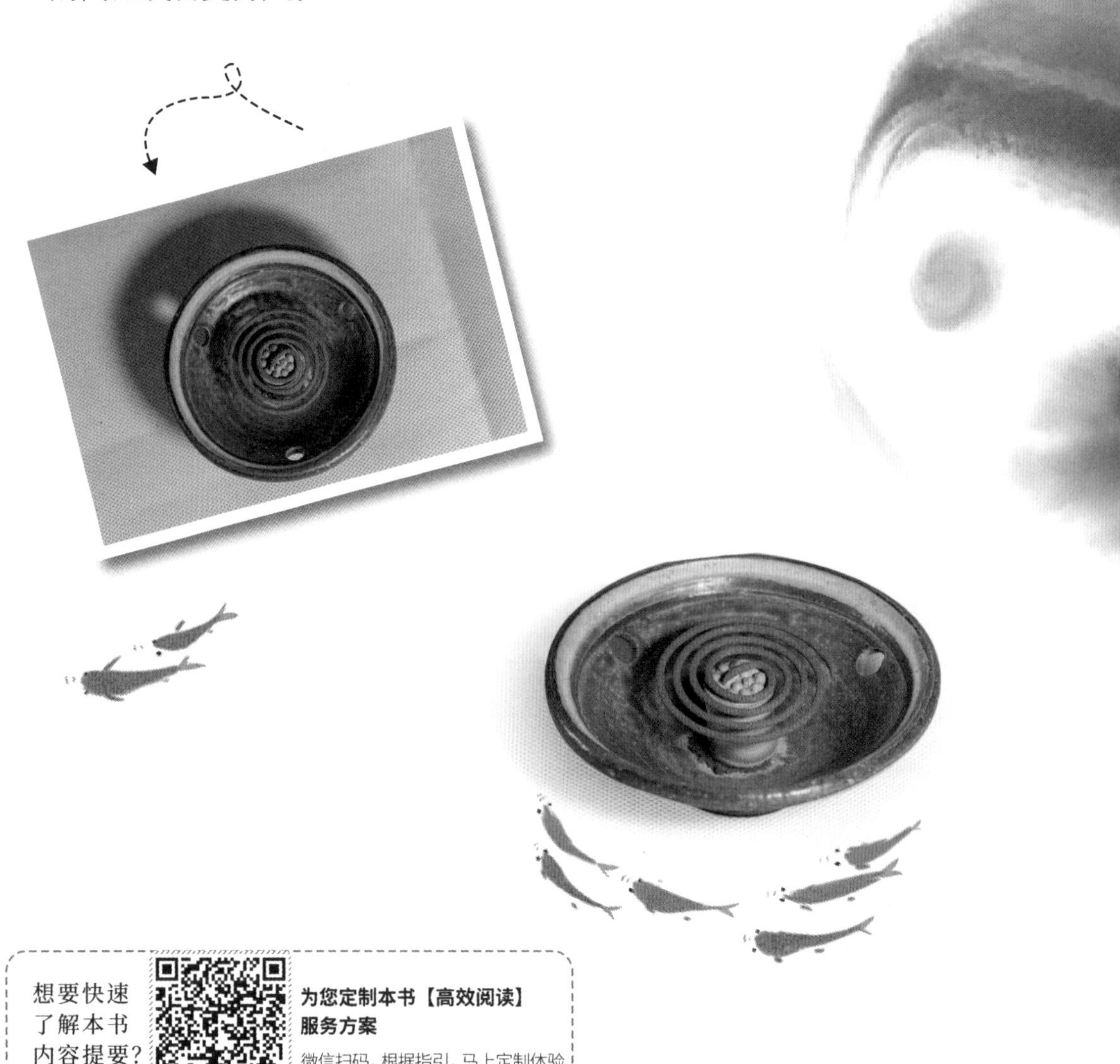

4 香丸

香丸是以制好的香粉加上炼蜜和合而成的丸状香，经过窨藏，用隔火熏香或用电香炉熏点，香丸熏点时没有烟火燥热，香气甜润，沁人心脾。

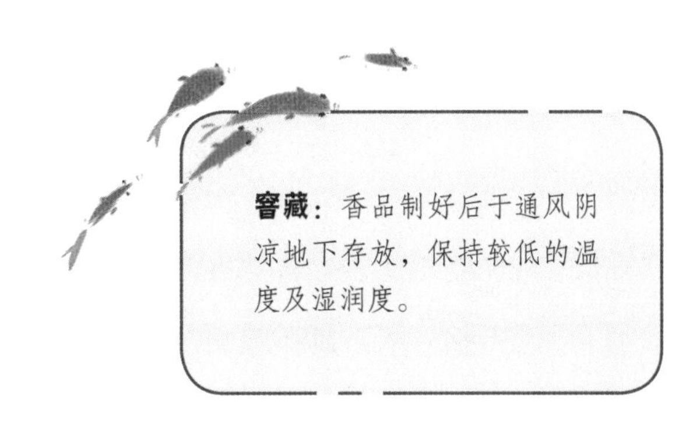

窨藏：香品制好后于通风阴凉地下存放，保持较低的温度及湿润度。

5 塔香

塔香也叫锥香、倒流香，形状如圆锥体。塔香须配合倒流香香器使用，烟雾浓密，适合观赏，但不适宜在居室内长时间熏点。

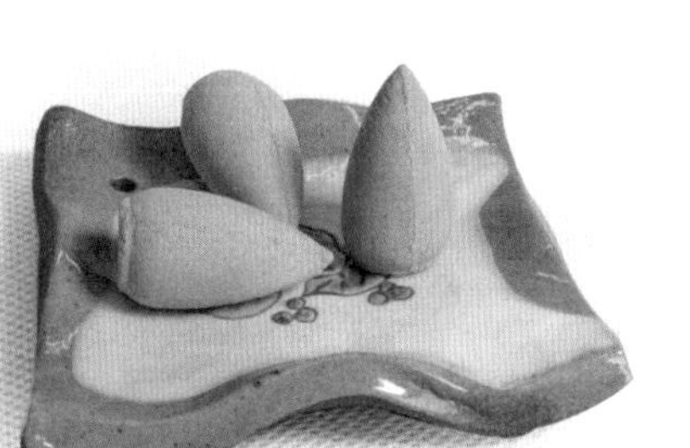

第六章

香品制作体验

手工制作香品，浓缩大自然的精华，融入制作者的劳作与心意，让人感到温暖，倍加珍惜。香品的手工制作体验是一件美妙愉悦的事，参与者在认真专注地做好每个细节的过程中，领悟工匠精神，达到身心合一。

1 香牌的制作

东方人和西方人的用香方式有很大差异。西方人用萃取法制作香水、精油；东方人则以芳香本草为材料手工制作香品，如香牌、香包，随身佩戴，取其芬芳，形成独特的东方佩香习俗。

香牌是一种不用熏点就能散发香气的香品，在用天然香料配伍炮制而成的香粉中，加入一定比例的粘粉和水，揉成香泥，再以不同形状的模具定型，便可制成款式各异的香牌。香牌模具的款式繁多，以十二生肖、福寿吉祥如意等题材为主。把香牌佩戴身上、挂在车上、放在枕边，持久留香，通经醒脑，防范虫蚁。

制作香牌所需材料和用具：

香粉、粘粉、香牌模具、橄榄油、刷子、小木铲、小锥子、纯净水。

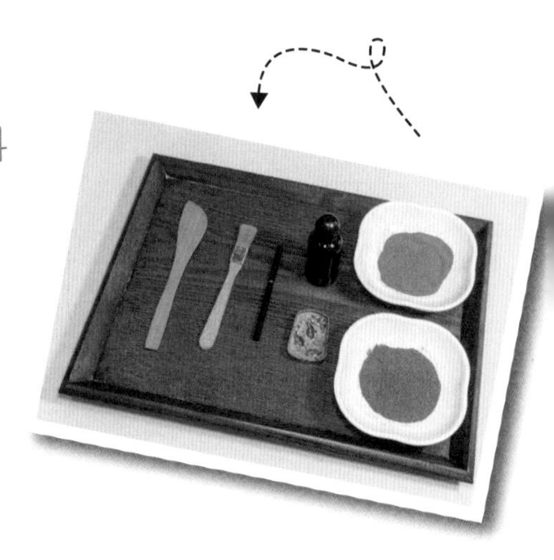

制作香牌的步骤：

别忘记准备纯净水。

（1）准备制作材料，净手。

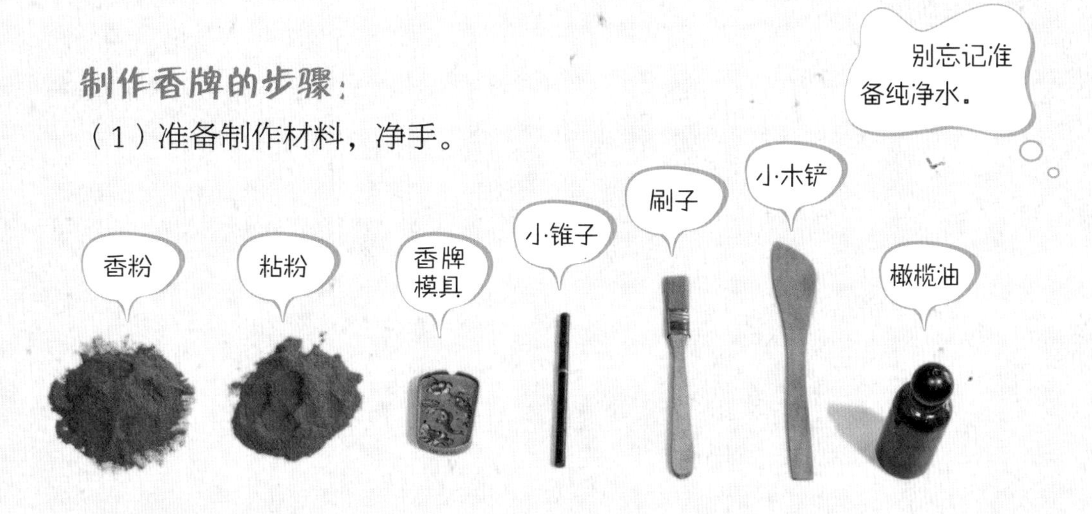

（2）和香泥。取适量香粉、粘粉用手和匀，堆成小山状后在中间挖孔，孔中加适量纯净水，轻轻按压、揉捏、摔打，和成香泥。

（3）刷油。用刷子蘸少许橄榄油在香牌模具中轻扫，方便脱模。

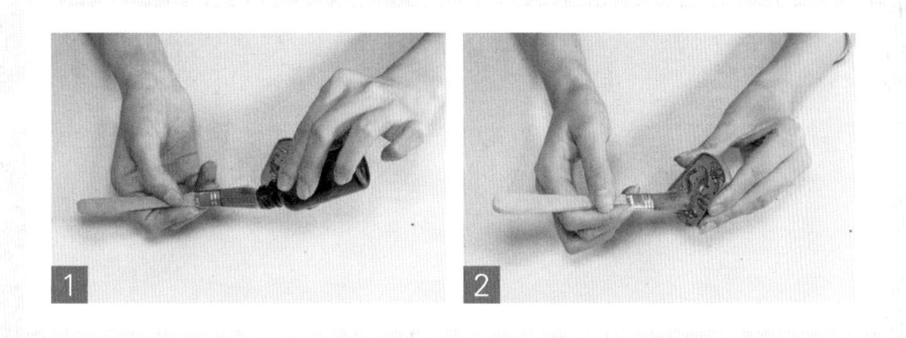

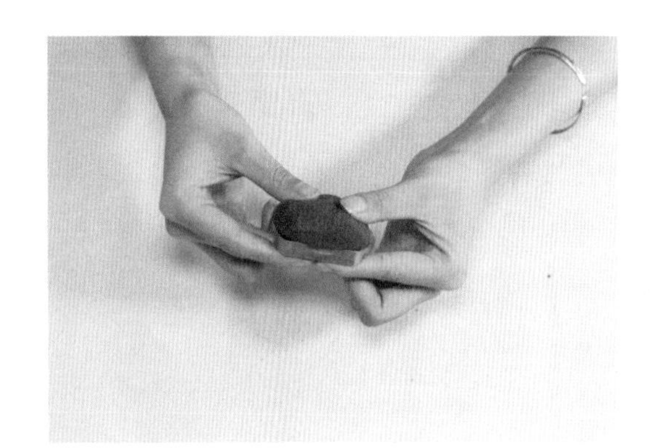

（4）按压。将香泥放在香牌模具中，均匀按压。

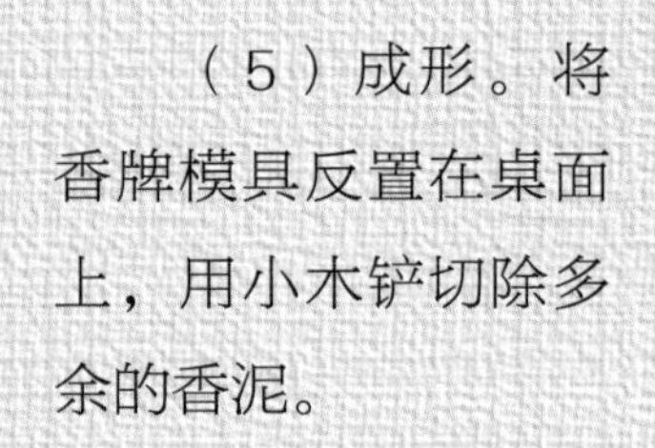

（5）成形。将香牌模具反置在桌面上，用小木铲切除多余的香泥。

（6）脱模。拿起模具，用小木铲从四个边角往外轻拨，使香牌脱模。

1

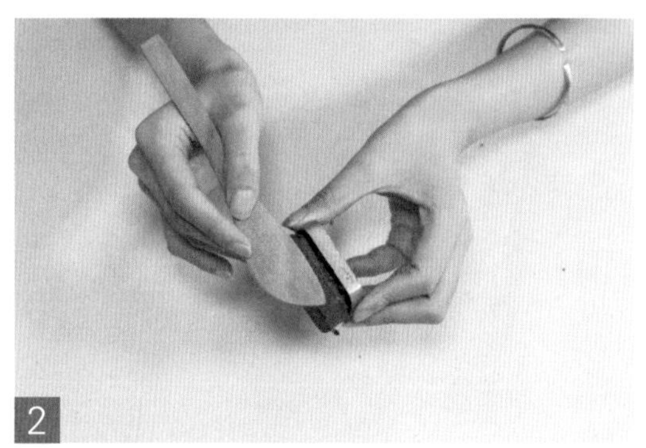

2

（7）穿孔。静置3分钟后，用小锥子穿孔。

1

2

（8）阴干。将制作好的香牌放在通风处阴干。

（9）修制打磨，穿绳，佩戴。

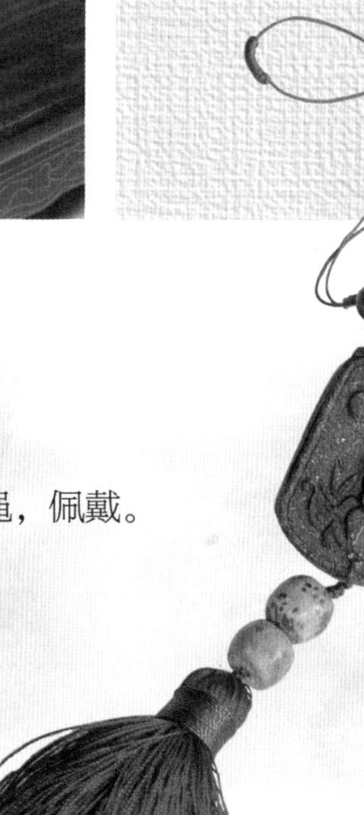

2 香丸的制作

香丸是用制好的香粉加上炼蜜制成，用于隔火熏香或电熏炉熏点，气味甜润柔和。

制作香丸所需材料和用具：

香粉、蜂蜜、锅、炉、铜勺、花瓣或金箔、瓷罐。

别忘记准备炉。

制作香丸的步骤：

（1）准备制作材料，净手。

（2）炼蜜。蜂蜜上炉小火熬煮，去除蜂蜜中的水分。

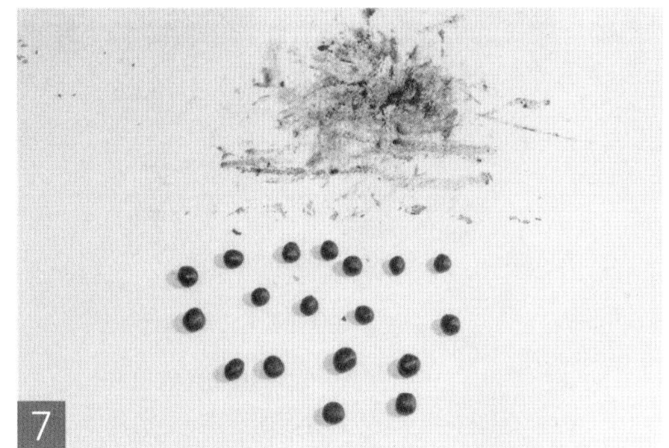

（3）揉制香丸。将香粉与适量炼好的蜜混合，搅拌均匀成香团，将香团搓成条，分成小段，揉捏成丸状，至每颗香丸的表皮有光泽为止。

（4）挂衣。香丸做好后，可滚上一层花瓣或金箔作装饰，令其更加美观，也可减少香丸初成后产生的潮气。

（5）窨藏。

3 香囊的制作

香囊又叫香包、容臭（xiù），用本草香料配伍和合制作而成，佩戴于身，取其馨香，宁静安神，颐养身心，有平安祈福之意。中国人早在3000多年前就开始使用香囊，民间有“带个香包袋，不怕五虫害”的说法。香囊更是生动传情、表达心意的馈赠佳品。

制作香囊所需材料和用具：

布袋、针线、香粉、小剪刀、无纺布袋、棉花。

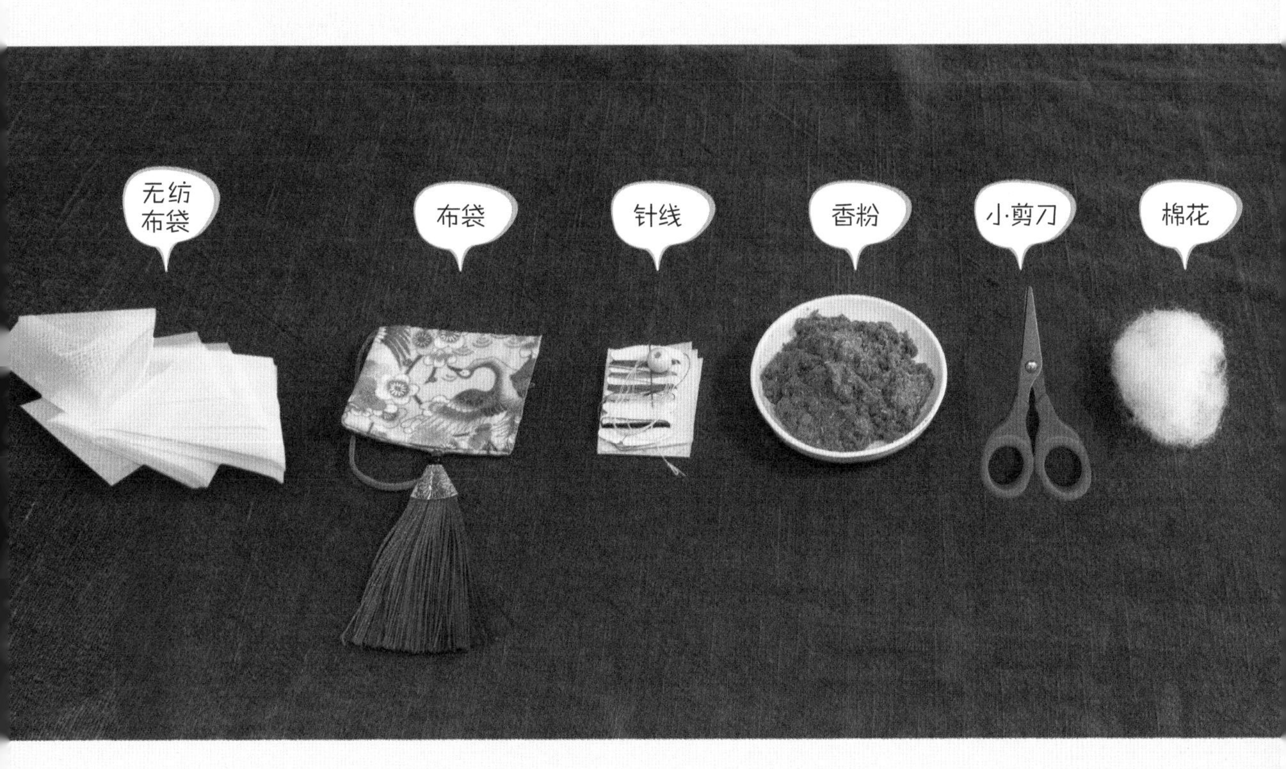

制作香囊的步骤：

（1）取香粉适量，装入无纺布袋。

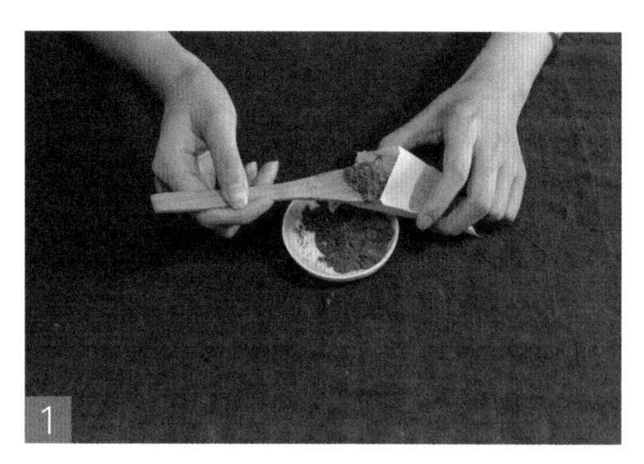

（2）将已装香粉的无纺布袋放入布袋中，为了香囊造型更饱满，可以在布袋中放入少许棉花。

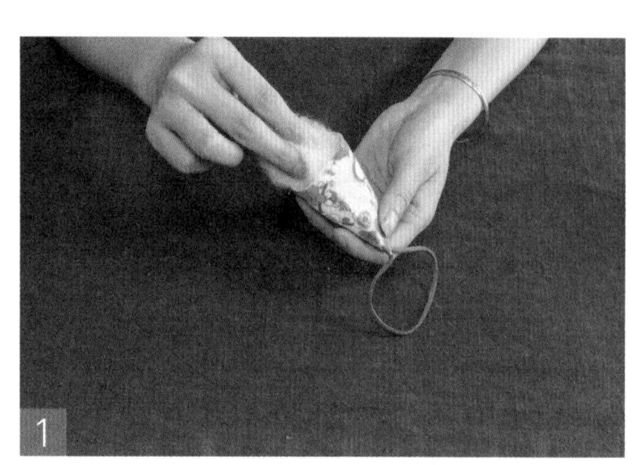

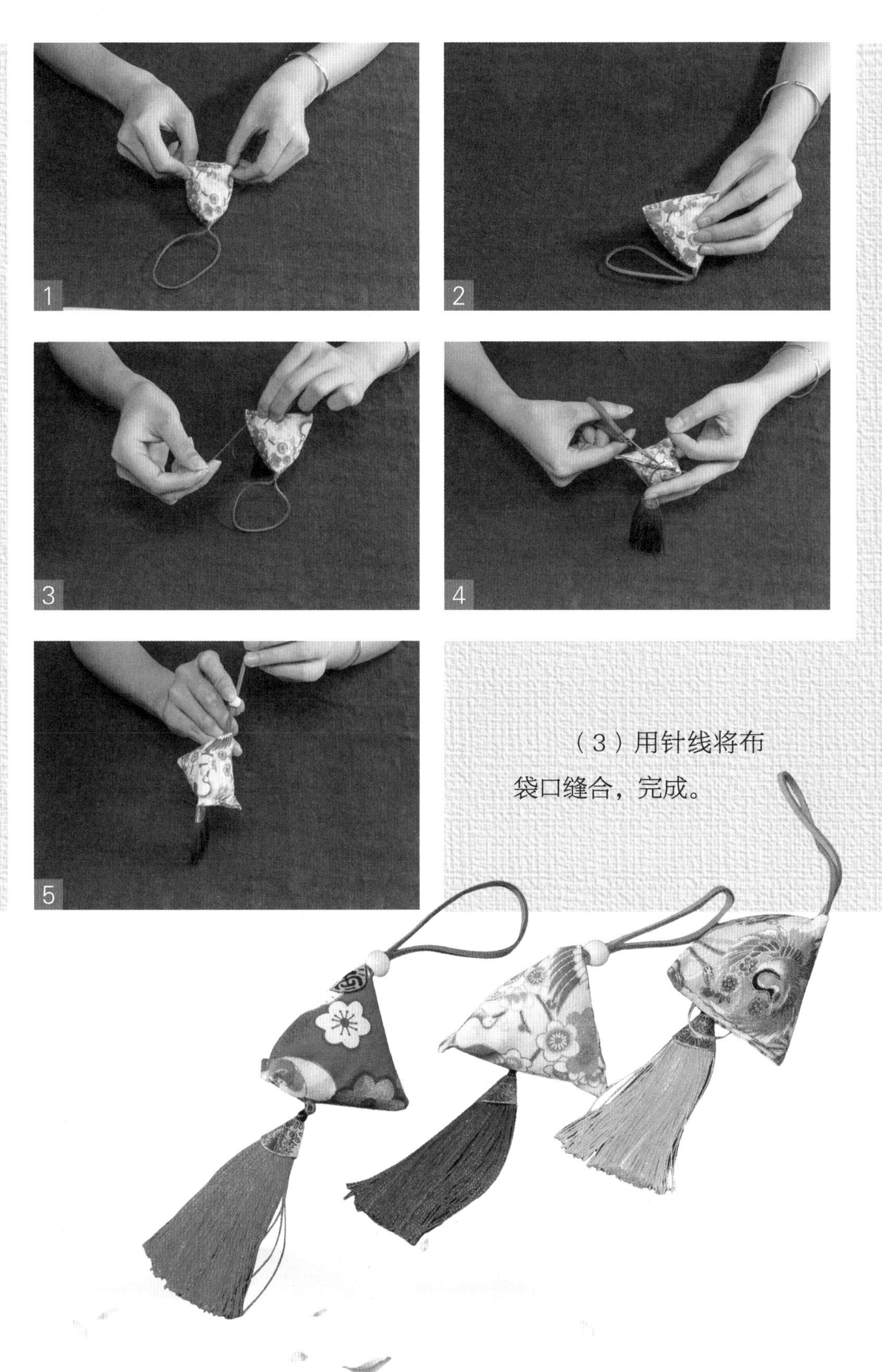

（3）用针线将布袋口缝合，完成。

第七章

香席与香礼

中华香文化源远流长、根深枝茂，香的魅力不止是嗅觉的享受，更可通过眼观、手触感悟与鉴赏香。古人云：君子四雅，即焚香、品茗、插花、挂画。焚香居首位。古时的文人雅士在好友相聚、日常居家时都会熏香品香。窗前月下烟气袅袅，意境悠长，由此衍生出香席。雅致的香席是中式传统生活中重要的一环，也是人文精神的传承。

香席是陶冶性情养和身心的文化雅集及社交形式，早在两汉时期已形成完整的仪式，由品香、坐香、课香三个环节组成。香席中处处追求敬雅静洁的境界，演绎器具之美、礼仪之美、香品之美，在具有仪式感的过程中礼敬和雅，返璞归真，涵养心灵。

香主：香席主人，主持香席会。
宾客：入席品香客人。

1 香席礼仪

香席礼仪讲究平和、中正、礼敬、和雅，参与者在香席中的举手投足体现他的修养、谦和品德与对他人的尊重。

现代香席布置简洁雅致，香器以常用的清雅瓷器或铜器为主。

人们在入香席之前要依序整衣冠、净手，然后香主与宾客行揖手礼互敬。香席中品香、坐香、课香三个环节缺一不可：品香，打开嗅觉，辨识、记忆香的味道；坐香，静心体悟，修习心性，专注当下；课香，书写香笺，分享品香、坐香感受。

揖手礼：行礼方式之一，男女手势有别。标准的男子姿势是右手成拳在内，左手包住在外；女子则相反。以此手势行45度鞠躬礼。

香笺：用于闻香后书写对香气的感受的纸。

2 香席程序

（1）依序整衣冠，净手焚香敬拜香祖。

（2）入香席，香主与宾客行揖手礼互敬，依次安坐。

（3）调整呼吸至平稳状态。

（4）静心等待。

（5）宾客在香笺上填写姓名。

（6）品香，将各自对香气的感受写在香笺上。

（7）解读香笺，分享交流。

【书香人家】

西园雅集

古代文人聚会以君子四雅陶冶性情，称为“雅集”。西园是北宋驸马都尉王诜的宅第花园，宋神宗元年初，王诜邀苏轼、苏辙、黄庭坚、米芾、秦观、李公麟以及日本圆通大师等16位文人名士在此聚会，闻香品茗，会后李公麟作《西园雅集图》，米芾书写《西园雅集图记》：“水石潺湲，风竹相吞，炉烟方袅，草木自馨，人间清旷之乐，不过于此。”后人出于景仰，纷纷摹绘《西园雅集图》。李公麟原作已失传，下图为马远绘。

《西园雅集》（局部）（宋）马远　绘

美国纳尔逊·艾金斯博物馆　藏

第八章 篆香修心

篆香，也叫拓香、印香，是用香中最常见和基本的方式。焚香者将香粉填入香篆模具，提起香篆而香粉形不散，点燃成形香粉的一端，香就会沿篆形图案逐渐燃尽。

1 篆香的历史

在唐朝时篆香已有使用，到了宋朝得到普及。除熏香外，篆香还有一个重要作用就是计时，古时没有钟表，印成篆文图案的香粉一气呵成熏燃，图案的大小和复杂程度决定熏燃时间的长短。

香篆的材质有木、铜、银、金及合金等等，图案样式繁多，有“福、禄、寿、喜”等字样，还有梅花、莲花、祥云等，代表吉祥、祈福之意，充满对生活的美好期待。

2 打香篆修心

打香篆是将香粉填入有图案模具之中，填好成形后再将模具提起，点燃香粉。打香篆是修养身心的一门功课，一门优雅的生活艺术。学习过程中，必须静心宁神，专注细致，不急不躁，才能打好一个完美的香篆，感受香的美好。

认识香工具

香筷：用于理松香灰。

香压：用于压平香灰。

香匙：用于盛取香粉。

香铲：用于平整香粉。

香扫：用于清扫香炉内壁，以及去余灰。

香篆：有各种吉祥符号与文字图案的模具。

香巾：用于清理其他香工具上残留的余灰。

香灰：放置在香炉的基底，有助燃之用。

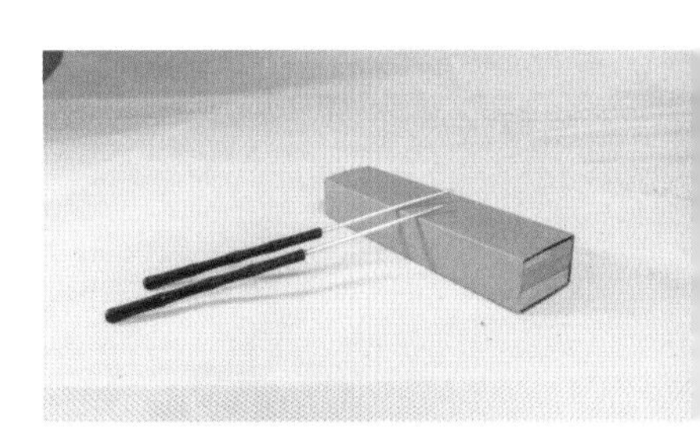

香筷

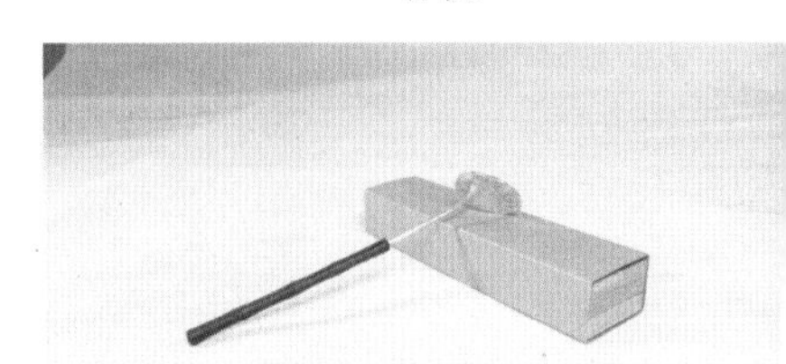

香压

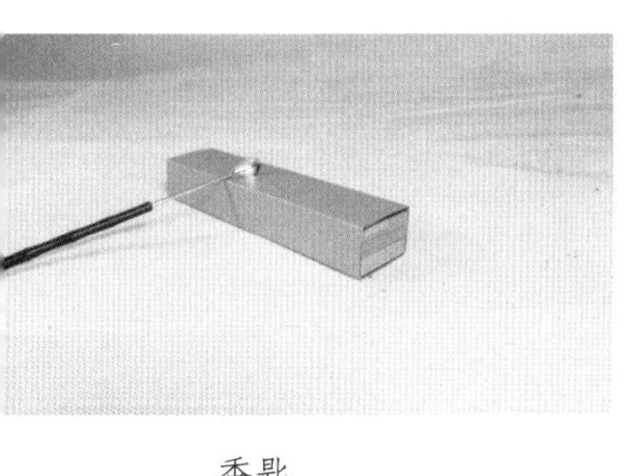

香匙

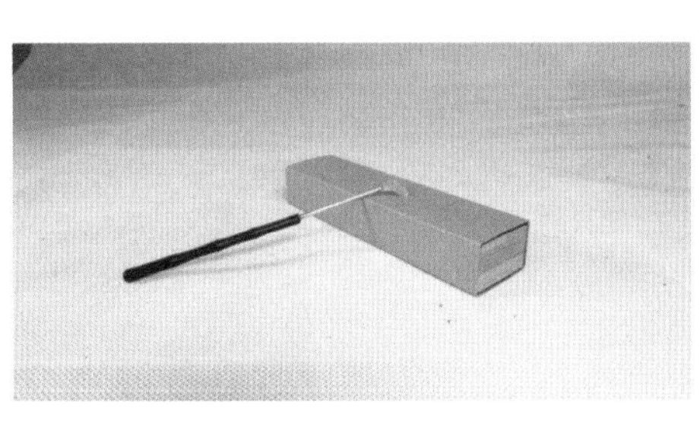

香铲

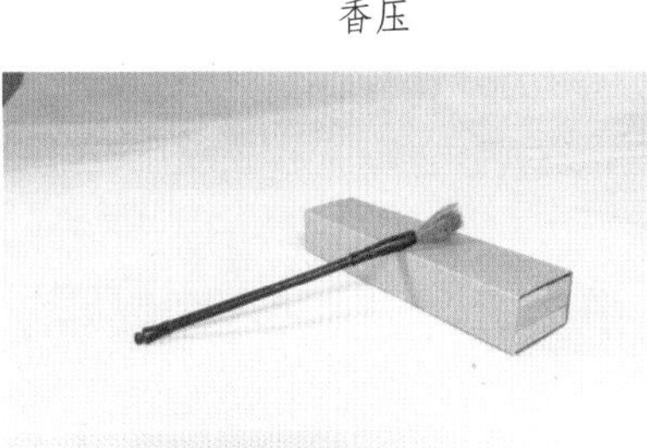

香扫

香篆

香巾

香灰

打香篆的步骤

（1）整衣冠，净手。

（2）入香席，行礼，放松，端坐，静语。

（3）理香灰，去杂念。

（4）平香灰，安当下。

（5）填香粉入篆，思美好。

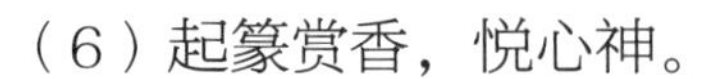

（6）起篆赏香，悦心神。

（7）燃香赏烟，神清爽。

【书香人家】

百刻香

宋朝盛行篆香并以此计时，宣州石刻中记载，当时制香者将一昼夜划分为一百个刻度，循序燃尽便是一个昼夜，叫做“百刻香印，以准昏晓”，正是百刻香的由来。

3 隔火熏香

隔火熏香始于唐朝，风行于宋朝，是指将炭埋于香灰中，运用云母片、银叶等隔片熏炙香丸或香粉释放香气。隔火熏香最大的特点是“闻香不见烟”，因而深受文人雅士的青睐。

认识香工具

香筷：用于理松香灰，夹取香炭。

香铲：用于将香灰平整成锥形。

香扫：用于清扫香炉内壁，以及去余灰。

香炭：木炭或竹炭。

炭架：放置香炭。

云母片（或银叶）：香丸或香粉放置其上。云母是矿物质，银叶是薄的银片，两者都有良好隔热性，可控制炭火热度。

香夹：用于夹取云母片或银叶。

香巾：用于清理香工具上的余灰。

香灰：放置在香炉的基底，有助燃香之用。

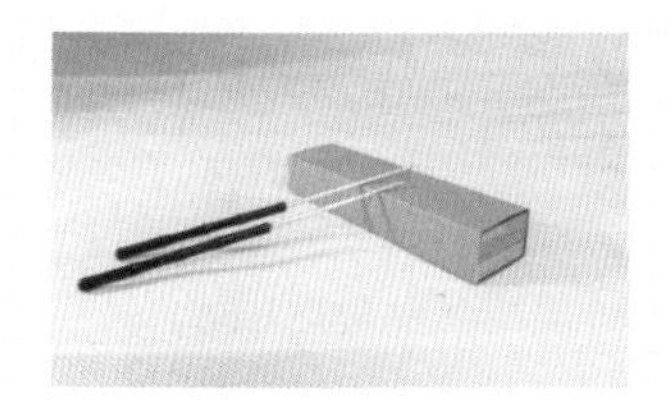

香筷

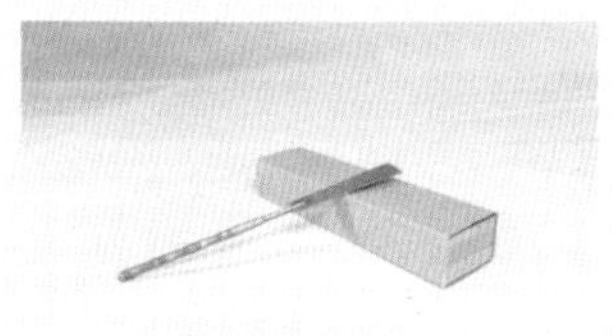

香铲

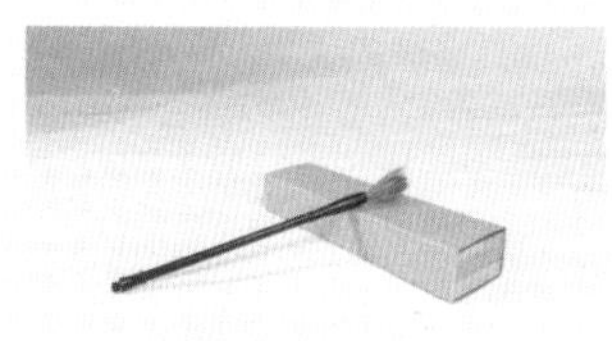

香扫

云母片

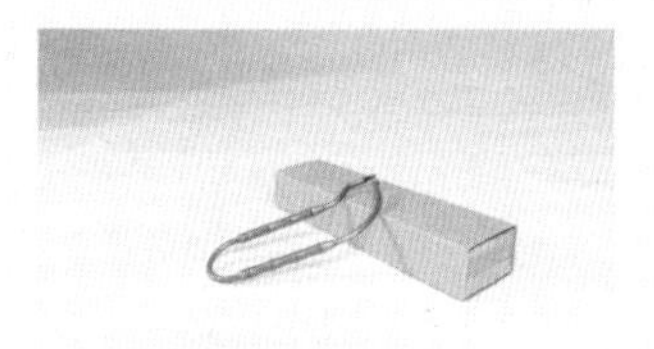

香夹

香巾

香灰

香炭和炭架

隔火熏香步骤

（1）烧炭。点燃香炭烧透至灰白色，置于炭架备用。

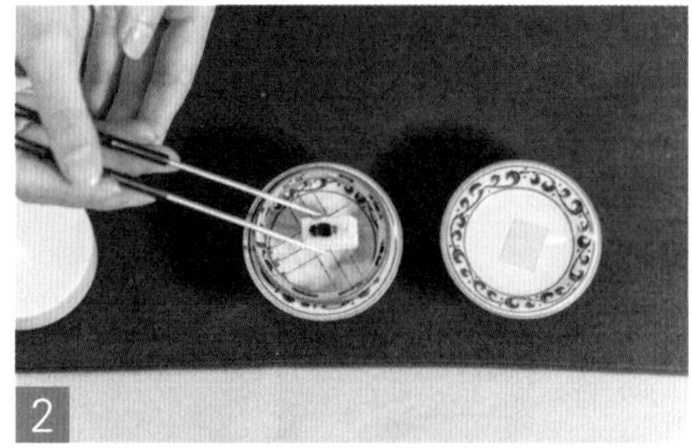

（2）理灰。理松香灰，开孔。

（3）入炭。用香筷夹烧透的香炭入孔，再用香灰盖上，用香铲将香灰堆成锥形。

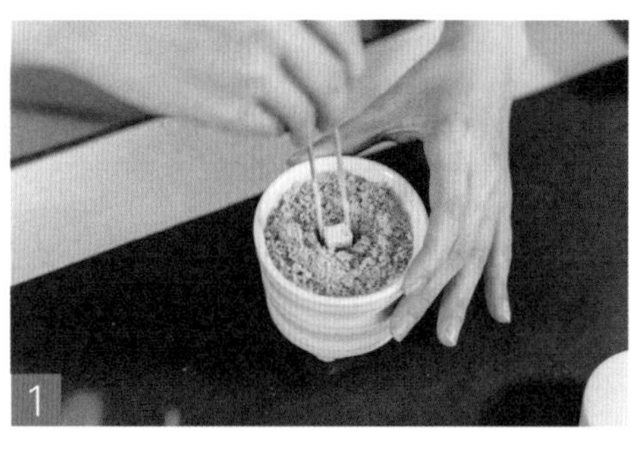

（4）扫灰。取香扫清扫内壁。

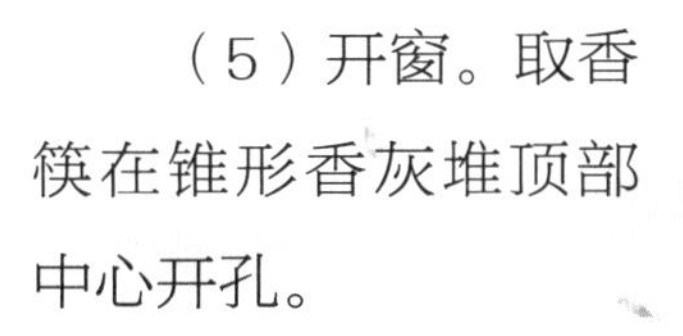

（5）开窗。取香筷在锥形香灰堆顶部中心开孔。

（6）置香。在开孔上方放置银叶或云母片，再放上香丸或香粉。

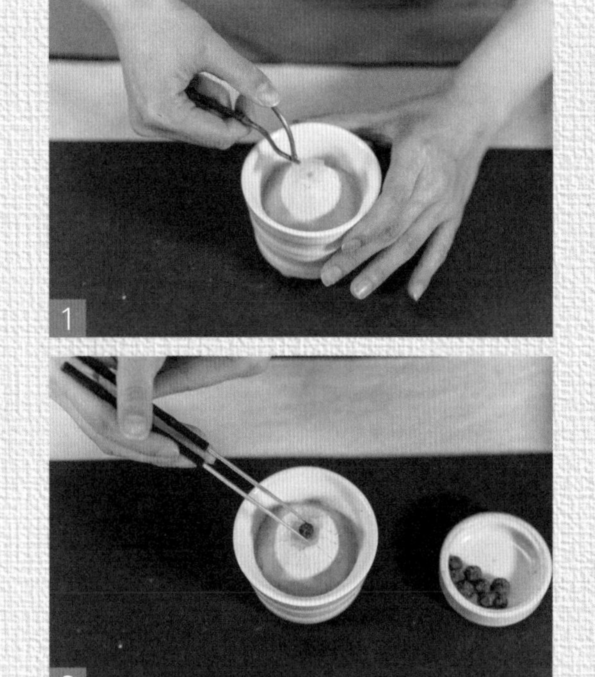

（7）品香。一手执炉，拇指扣住香炉上沿，其余四指托住香炉底；另一手手指合拢护在香炉外侧。香炉与脸部需保持适中距离，缓缓吸气品香。应注意呼气时不应正对香炉，可将头转向一侧换气。

中国是一个香的国度，中华民族崇尚德性与馨香，香文化融入优秀传统文化的礼敬孝义，养成君子和雅的精神气质，在香的熏染中修君子之德、君子之才、君子之容、君子之趣，散发着东方文明瑰丽异彩。

礼敬——香的世界，

和雅——香的生活，

香飘千年，

二十一世纪依旧是中国香的时代；

盛世传香，

二十一世纪必将重现中国香的辉煌。

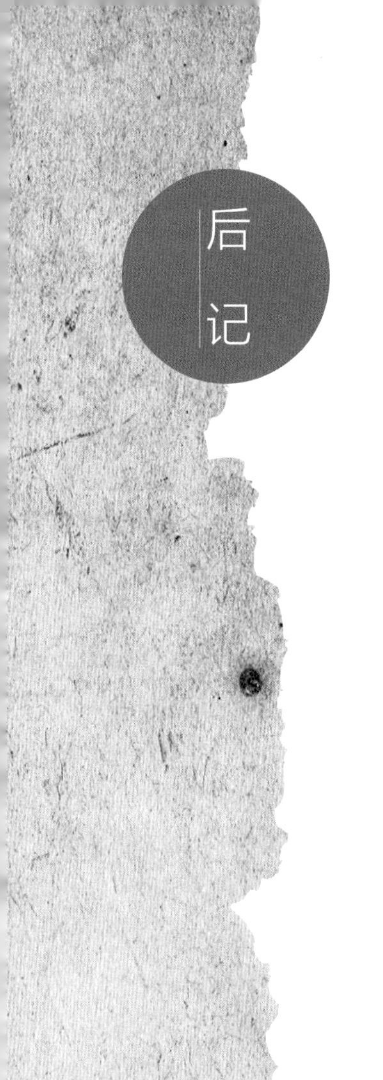

后记

自决定撰写《中华香文化》至完稿，历时近一年半时间，追溯源头则远至2015年，我们跟随赵氏和香非遗技艺传承人善学习老师深入系统地学习中华传统香文化及和合香技艺，在研习过程中热爱及发心传播中华香文化的路上，得到恩师及众多前辈的提点与支持厚爱，实乃此生之幸事。

广东文艺评论大家、广东省文联荣誉委员、广东省文艺批评家协会名誉主席、广东省政府前参事黄树森先生在百忙中为本书著序，弘扬中华传统文化拳拳之心，提携后辈殷殷之情，让我们感恩铭记于心。

感谢广东南方软实力研究院作为本书指导机构，谢镇泽院长及张承良执行院长、叶晓臻主任提供了宝贵的意见及指导，为本书增辉添彩。感谢广东人民出版社钟永宁总编辑对本书出版给予的大力支持。感谢广州建设大马路小学叶丽诗校长从教育专家视角给予细致精准的修改意见。感谢为本书付出辛劳工作的手绘插画师、摄影师，亦感谢广州香宅子慧玲、莉君两位香艺师演示传统香艺及手作。感谢所有支持中华香文化传播普及教育的社会各界朋友们。

本书分上下两册，适合于青少年及成人阅读。中华香文化源远流长、根深枝茂、涵盖面广，本书浅薄挂漏处在所难免，望诸前辈及书友们多多指正。传统文化复兴回归传承落地，需要更多同道之人共同参与和努力，令礼敬和雅的中华香文化馨香永续、代代相传。

王珀　宋兵

2020年7月23日大暑于香宅